RECHERCHES
SUR
LES COLORANTS
DÉRIVÉS
DU TRIPHÉNYLMÉTHANE

Conférence faite à la Société chimique de Paris
le 28 décembre 1891.

PAR

M. E. NŒLTING
DIRECTEUR DE L'ÉCOLE DE CHIMIE DE MULHOUSE

PARIS
ADMINISTRATION DES DEUX REVUES
111, BOULEVARD SAINT-GERMAIN, 111

1892

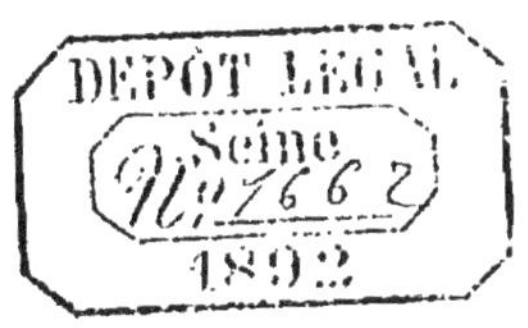

RECHERCHES

SUR

LES COLORANTS

DÉRIVÉS

DU TRIPHÉNYLMÉTHANE

Par M. E. NŒLTING

Directeur de l'École de chimie de Mulhouse.

Messieurs,

Ce n'est pas sans hésitation, que j'ai accepté le grand honneur que m'ont fait le Président et le Conseil de la Société chimique en m'invitant aujourd'hui à prendre la parole devant vous. Par suite de ma position à la tête d'une école technique, mes études se sont portées plutôt vers les applications industrielles que dans le sens de la théorie, et ce n'est par conséquent pas de recherches de science pure que je pourrais vous entretenir.

Cependant, comme il a été constaté maintes fois que la Société chimique suit avec un intérêt bienveillant les progrès de la science appliquée, et, qu'à plusieurs reprises déjà des sujets ayant un caractère industriel ont été traités dans cette enceinte, j'ai cru devoir surmonter une timidité bien naturelle et me rendre à la gracieuse invitation qui m'était faite. Dans aucun domaine de la chimie, d'ailleurs, la science et l'industrie

ne se touchent de plus près que dans celui des matières colorantes artificielles, dont l'étude m'occupe depuis de longues années. C'est grâce à la science que l'industrie des colorants a acquis un développement si considérable, et, d'autre part, la chimie théorique a puisé bien des données intéressantes dans les études entreprises dans une intention plutôt industrielle.

Parmi les matières colorantes artificielles, une des classes les plus importantes est celle des dérivés du triphénylméthane. Elle a été l'objet de travaux nombreux de la part de savants de premier ordre. Je ne citerai dans le nombre que les recherches de MM. Hofmann, Rosenstiehl, Émile et Otto Fischer, Græbe, Caro, Dale, Schorlemmer et Doebner.

Grâce à ces travaux, la question est depuis longtemps déjà étudiée dans ses grandes lignes, et, à première vue, le sujet pouvait paraître épuisé. Néanmoins, en résumant pour mes cours sur les matières colorantes l'histoire des dérivés du triphénylméthane, je fus frappé par le fait que certaines parties de ce domaine n'avaient été explorées que d'une manière très sommaire, et que d'autres n'avaient encore donné lieu à aucune investigation. Ce fut là pour moi l'occasion d'entreprendre les études dont je me permettrai de vous présenter le résumé.

Dans ces recherches qui ont été plus longues que je ne l'eusse supposé de prime abord, j'ai été secondé avec beaucoup de zèle et d'habileté par un certain nombre de mes élèves, MM. Brandt, Herzberg, Polonowsky, Riegler, Skawinski, Schwartz et Trautmann. La part qui revient à chacun de ces messieurs ressort des notes qui ont été et seront encore publiées dans le *Bulletin de la Société chimique*.

Les travaux dont la rosaniline a été l'objet sont trop connus, pour qu'il soit utile de les relater ici en détail. Rappelons seulement que les conditions de la formation de la fuchsine au moyen de l'aniline et de ses homologues ont été étudiées en particulier par MM. A.-W. Hofmann (1), Rosenstiehl (2), Émile et Otto Fischer (3), et en dernier lieu par MM. Rosenstiehl et Gerber (4).

Ces derniers savants partagent les homologues de l'aniline, d'après leur manière de se comporter vis-à-vis des oxydants, en particulier de l'acide arsénique, en trois catégories.

Ils appellent « bases de la première catégorie » celles qui, traitées seules par l'acide arsénique, ne fournissent pas de fuchsines, mais qui en donnent lorsqu'on les oxyde en présence d'aniline.

Ces bases sont : la paratoluidine, l'as-métaxylidine, la mésidine (cumidine) (5), l'amidotétraméthyl et l'amidopentaméthylbenzine (6) :

I.	II.	III.	IV.	V.
AzH^2	AzH^2	AzH^2	AzH^2	AzH^2
	CH^3	CH^3, CH^3	CH^3, CH^3	CH^3, CH^3
			CH^3	CH^3, CH^3
CH^3	CH^3	CH^3	CH^3	CH^3

Les « bases de la deuxième catégorie » sont celles qui, oxydées seules, ne donnent pas de fuchsine, mais qui en fournissent, en quantité abondante, lorsqu'on

(1) Hofmann, *London Roy. Soc. Proc.*, t. XII, p. 645, 647; *Ann. Chem.*, t. CXXXII, p. 296.

(2) Rosenstiehl, *Ann. Chim. Phys.*, [5], t. VIII, p. 192.

(3) Émile et Otto Fischer, *Ann. Chem.*, t. CXCIV, p. 274; *D. chem. G.*, t. XIII, p. 2204.

(4) Rosenstiehl et Gerber, *Ann. Chim. Phys.*, [6], t. II, p. 331.

(5) Hofmann, *D. chem. G.*, t. VIII, p. 62. — La cumidine étudiée par Hofmann, obtenue par transposition de la xylidine en présence d'alcool méthylique, est identique, ainsi que ce savant l'a reconnu plus tard, avec la mésidine.

(6) L'amidotétraméthylbenzine obtenue par M. Hofmann a la formule n° IV, ainsi que je l'ai démontré il y a quelques années.

les soumet, en présence d'une des bases de la première catégorie, à l'action de l'acide arsénique.

Ce sont : l'aniline, l'orthotoluidine (1) et la v-métaxylidine (2) :

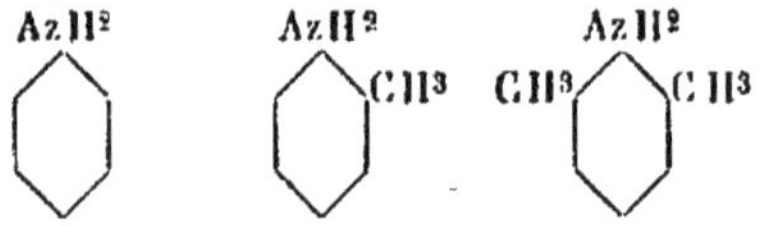

AzH^2 — AzH^2, CH^3 — CH^3, AzH^2, CH^3

Les « bases de la troisième catégorie » enfin sont celles qui ne se transforment, ni seules, ni en présence de bases de la première ou de la seconde catégorie, par oxydation, en matières colorantes du genre de la fuchsine.

Ce sont : la métatoluidine (3) et la s-métaxylidine (4) :

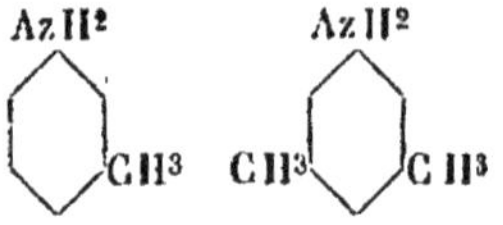

AzH^2, CH^3 — AzH^2, CH^3, CH^3

Un coup d'œil sur les formules de constitution de ces corps montre que, dans toutes les bases de la première catégorie, il y a un groupe méthyle dans la position para vis-à-vis de l'amide, tandis qu'au contraire dans les bases de la deuxième et de la troisième catégorie, la position para est libre.

Dans les bases de la deuxième catégorie, les méthyles sont en ortho vis-à-vis de l'amide, dans celles de la troisième en méta.

Les expériences de MM. É. et O. Fischer ont démon-

(1) Rosenstiehl, *loc. cit.* — E. et O. Fischer, *D. chem. G.*, t. XIII, p. 2204.

(2) Rosenstiehl et Gerber, *loc. cit.*

(3) Reverdin et Nœlting, *Bull. Soc. Chim.*, t. XXX, p. 149. — Rosenstiehl et Gerber, *loc. cit.*

(4) Rosenstiehl et Gerber, *loc. cit.*

tré que, dans la rosaniline la plus simple, celle dérivant d'une molécule de paratoluidine et de deux molécules d'aniline, tous les trois groupes amides se trouvent en para vis-à-vis du carbone fondamental. Étant donnée l'analogie complète des propriétés des rosanilines homologues et de la première, il est hors de doute qu'il ne doive en être ainsi dans toute la série, et, alors on s'explique facilement que les bases de la première catégorie ne fournissent pas de rosanilines, si on les oxyde seules, ou deux à deux, mais qu'elles en donnent si on les oxyde en présence d'aniline.

Dans les bases de la deuxième catégorie, la position para est libre, et une ou deux positions ortho sont occupées.

Ces bases fournissent, si on les oxyde avec celles de la première catégorie, des fuchsines en quantité abondante, mais elle n'en donnent point si on les oxyde seules. Ceci s'explique par le fait que, dans la rosaniline, les trois groupes amides doivent se trouver en para vis-à-vis du carbone fondamental, et qu'il n'y a pas ici de méthyle en para vis-à-vis d'un amide, susceptible de fournir ce carbone fondamental.

La même observation s'applique aux bases de la troisième catégorie.

Cependant rien n'explique jusqu'à présent pourquoi ces dernières, oxydées avec une des bases de la première catégorie, ne donnent pas de fuchsines.

L'incapacité des dérivés méta-substitués de l'aniline de donner des dérivés colorés du triphénylcarbinol ressort aussi des expériences de MM. Monnet, Reverdin, et Nœlting (1) sur la formation du violet au moyen de la mono et de la diméthylmétatoluidine.

La substitution des hydrogènes en ortho par des mé-

(1) Monnet, Reverdin et Nœlting, *Bull. Soc. Chim.*, t. XIII, p. 116.

thyles ne rend pas l'aniline impropre à la formation de fuchsines par oxydation simultanée avec les amines paraméthylées; au contraire, le rendement en colorant avec la para et l'orthotoluidine est plutôt meilleur qu'avec la paratoluidine et l'aniline seule.

MM. Rosenstiehl et Gerber se sont ensuite posé la question suivante : comment se comportera un homologue de l'aniline dans lequel des positions ortho et méta sont occupées à la fois? Appartiendra-t-il à la deuxième ou à la troisième catégorie?

Les amines répondant à ce *desideratum* sont les suivantes :

AzH^2, CH^3, CH^3 — I (1).
AzH^2, CH^3, CH^3 — II (2)
AzH^2, CH^3, CH^3, CH^3, CH^3 — III (3)
AzH^2, CH^3, CH^3, CH^3 — IV (4).
AzH^2, CH^3, CH^3, CH^3, CH^3 — V (5).

De ces cinq bases, la première seule était connue à l'époque où MM. Rosenstiehl et Gerber effectuèrent leurs recherches, mais elle était si difficilement accessible, que ces savants ne l'ont point comprise dans leurs études.

Les quatre autres ont été obtenues depuis ce temps; il est vrai que leur préparation est extrêmement longue

(1) Schaumann, *D. chem. G.*, t. XI, p. 1537.
(2) Nœlting et Forel, *D. chem. G.*, t. XVIII, p. 2671.
(3) Mayer, *D. chem. G.*, t. XX, p. 971.
(4) Edler, *D. chem. G.*, t. XVIII, p. 630.
(5) Cette base n'avait pas encore été préparée. On l'obtient au moyen du durol dans des conditions de nitration spéciales. Elle sera décrite ultérieurement.

et pénible. Je les ai toutes employées dans un état de pureté absolue.

Il résulte de mes expériences que ces bases appartiennent toutes les cinq à la troisième catégorie. Elles ne fournissent pas trace de matières colorantes analogues à la fuchsine, qu'on les oxyde, soit seules, soit en présence de paratoluidine.

J'ai fait aussi quelques essais d'oxydation, en employant, au lieu de la paratoluidine, l'as-métaxylidine et la mésidine, mais le résultat a été également négatif.

On obtient des matières colorantes gris-violacées ou jaunes (ces dernières appartenant sans doute à la série de l'acridine), mais pas trace de corps ressemblant à la fuchsine.

Je crois donc pouvoir tirer de ces essais la conclusion, que la présence même d'un seul groupe méthyle dans la position méta, vis-à-vis de l'amide, rend une amine dont la position para est libre impropre à la formation de fuchsine par oxydation simultanée avec une amine paraméthylée.

Une autre question a encore été discutée par MM. Rosenstiehl et Gerber, savoir si des méthyles, dans la position méta, exerçaient aussi, dans les amines de la première catégorie, une influence sur la formation de la fuchsine.

Dans les trois premières amines de la première catégorie, les positions méta sont libres, les positions ortho sont occupées, dans la seconde et dans la troisième, par des méthyles; dans les deux dernières, les deux positions ortho et une ou deux positions méta sont occupées à la fois. Il était donc *a priori* probable que toutes les amines, avec des positions ortho et méta occupées à la fois, fourniraient des fuchsines, mais on n'avait aucune donnée pour préjuger comment se comporteraient des amines méthylées seulement en méta.

Les paratoluidines méthylées à la fois en ortho et en méta sont les suivantes :

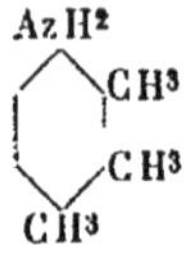

AzH^2, CH^3, CH^3, CH^3 — I (1).
AzH^2, CH^3, CH^3, CH^3 — II (2).
AzH^2, CH^3, CH^3, CH^3, CH^3 — III (3).

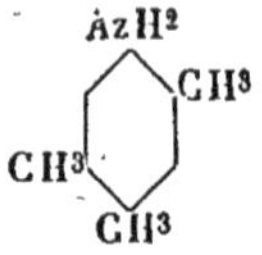

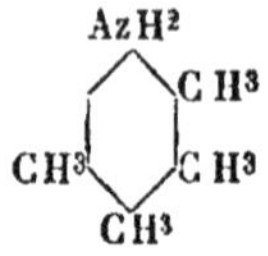

Celles méthylées seulement en méta sont :

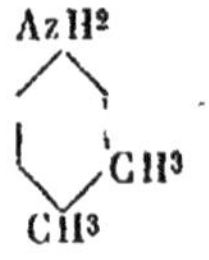

AzH^2, CH^3, CH^3 — IV (4).
AzH^2, CH^3, CH^3, CH^3 — V (5).

De ces cinq bases, la deuxième seule avait été préparée en 1882, mais sa constitution n'était alors pas encore établie, de sorte qu'elle n'a pas été étudiée au point de vue de sa transformation en fuchsine.

Mes expériences ont également tranché la question mentionnée ci-dessus.

Les cinq bases fournissent toutes, si on les oxyde avec l'aniline, l'orthotoluidine et la v-métaxylidine, des fuchsines en quantité abondante.

Il s'ensuit, qu'une amine paraméthylée est toujours

(1) Nœlting et Forel, *D. chem. G.*, t. XVIII, p. 2680.

(2) Schaper, *Zeitschrift für Chemie* (N F), t. III, p. 13. — Hofmann, *D. chem. G.*, t. XV, p. 2895. — Nœlting et Forel, *loc. cit.*

(3) Thoel, *D. chem. G.*, t. XVII, p. 159. — Limpach, *ibid.*, t. XXI, p. 644.

(4) Jacobsen, *D. chem. G.*, t. XVIII, p. 159. — Nœlting et Forel, *ibid.*, t. XVIII, p. 2669.

(5) Nœlting et Forel, *D. chem. G.*, t. XVIII, p. 2681. — Limpach, *ibid.*, t. XXI, p. 643.

propre à la formation de fuchsine, que les positions méta soient occupées par des méthyles ou non.

Comme toutes les anilines paraméthylées, au nombre de dix, oxydées avec l'aniline, l'orthotoluidine et la v-métaxylidine, fournissent des fuchsines, le nombre des rosanilines isomères et homologues s'élève à trente, en concordance avec la deuxième hypothèse de MM. Rosenstiehl et Gerber (*loc. cit.*, pages 365-367), si l'on ne considère que le cas où une molécule d'amine paraméthylée est oxydée avec deux molécules de la même amine de la deuxième catégorie. Mais si l'on tient compte du fait que cette oxydation peut s'exercer sur deux molécules d'amines différentes de la deuxième catégorie (aniline et orthotoluidine, aniline et v-métaxylidine, orthotoluidine et v-métaxylidine), le nombre des isomères possibles devient le double. D'autre part, parmi ces derniers trente, il en est quelques-uns qui sont identiques, soit entre eux, soit avec des composés de la première trentaine, de sorte que le nombre des rosanilines isomères et homologues revient en définitive à cinquante-deux.

En effet, les rosanilines qu'on obtient avec les bases suivantes sont identiques entre elles :

1° Métaxylidine + 2 Aniline = Paratoluidine + Aniline + Orthotoluidine.

2° Mésidine + 2 Aniline = Paratoluidine + Aniline + v-Métaxylidine.

3° Métaxylidine + Aniline + Orthotoluidine = Paratoluidine + 2 Orthotoluidine.

4° et 5° Mésidine + Aniline + Orthotoluidine = Métaxylidine + Aniline + v-Métaxylidine = Paratoluidine + Orthotoluidine + v-Métaxylidine.

6° Mésidine + Aniline + v-Métaxylidine = Paratoluidine + 2 v-Métaxylidine.

7° Mésidine + 2 Orthotoluidine = Métaxylidine + Orthotoluidine + v-Métaxylidine.

8° Mésidine + Orthotoluidine + v-Métaxylidine = Métaxylidine + 2 v-Métaxylidine.

Une troisième éventualité reste à examiner. Obtiendra-t-on une rosaniline en oxydant une molécule d'une base de la première catégorie avec une molécule d'une base de la seconde, et une molécule d'une base de la troisième catégorie, par exemple, la paratoluidine avec l'aniline et la métatoluidine ? Il est difficile de répondre à cette question *a priori*, et la vérification expérimentale serait assez malaisée, car il se formerait évidemment, à côté de la base dérivée des trois amines, celle dérivée de la paratoluidine et de l'aniline seule. La séparation de ces produits si voisins exigerait de grandes quantités de matières, difficiles à mettre en œuvre dans un laboratoire. C'est ce qui m'a empêché, jusqu'à présent, de soumettre cette hypothèse à l'expérience.

Qu'il nous soit permis, en terminant, de tirer brièvement les conclusions des expériences que nous venons de relater.

Toutes les amines paraméthylées (paratoluidine, as-métaxylidine, as-orthoxylidine, mésidine, pseudocumidine, isocumidine, v-cumidine de Nœlting et Forel, isoduridine, préhnidine, pentaméthylamidobenzine), donnent par oxydation, avec deux molécules d'aniline, d'orthotoluidine ou de v-métaxylidine, des rosanilines. Elles n'en donnent point si on les oxyde avec deux molécules d'anilines non substituées en para, mais méthylées en méta, telles que métatoluidine, paraxylidine, *v*-orthoxylidine, *s*-métaxylidine, cumidine d'Edler, cumidine de Mayer ou duridine cristallisée.

M. Caro (1) a montré, il y a vingt-cinq ans, que l'aniline pure, chauffée avec l'iodoforme, donne de la fuchsine en quantité abondante, tandis que la parato-

(1) Caro, *Zeitschrift für Chemie,* (N F), t. II, p. 563. — *Phil. Mag.*, [4], n° 214, août 1866, p. 126.

luidine n'en fournit pas trace. J'ai appliqué la réaction en question aux bases énumérées ci-dessus. Les amines paraméthylées ont naturellement donné un résultat négatif. Il en a été de même avec les amines dont les positions para sont libres, mais les positions méta occupées par des méthyles; par contre, l'orthotoluidine et la v-métaxylidine ont fourni des fuchsines avec la même facilité que l'aniline.

Récemment, les Farbwerke Hœchst (1) ont breveté une nouvelle méthode générale de préparation des fuchsines, dont voici le principe. En condensant la formaldéhyde avec l'aniline, on obtient l'anhydroformylaniline, $C^6H^5Az = CH^2$ (?), laquelle, chauffée avec l'aniline en excès, en présence de chlorhydrate d'aniline, fournit le diamidodiphénylméthane

$$\begin{array}{l} C^6H^4AzH^2 \\ | \\ CH^2 \\ | \\ C^6H^4AzH^2 \end{array}$$

En oxydant celui-ci en présence d'une molécule d'aniline, on obtient la rosaniline la plus simple :

$$\begin{array}{l} C^6H^4AzH^2 \\ | \\ CH^2 \\ | \\ C^6H^4AzH^2 \end{array} + C^6H^5AzH^2 + 2O = \begin{array}{l} C^6H^4AzH^2 \\ | \\ C \left\langle \begin{array}{l} C^6H^4AzH^2 \\ OH \end{array} \right. \\ | \\ C^6H^4AzH^2 \end{array} + H^2O$$

Si l'on remplace l'aniline par l'orthotoluidine, on obtient le diamidoditolylméthane

(1) Farbwerke Hœchst, demande de brevet F, 4639, *Moniteur scientifique*, 1890, 1080; demande de brevet F, 4640, *ibid.*, 1891, 202; demande de brevet F, 4474, *ibid.*, 1891, 436.

AzH^2 / CH^2 CH^3 / AzH^2 / CH^3

Celui-ci, oxydé en présence d'aniline, fournit la rosaniline $C^{21}H^{23}Az^3O$, obtenue autrefois par M. Rosenstiehl au moyen de la paratoluidine et de deux molécules d'orthotoluidine; avec l'orthotoluidine, il donne la rosaniline $C^{22}H^{25}Az^3O$.

Je me suis demandé alors, si par ce procédé on arriverait à obtenir une rosaniline dérivée de la métatoluidine.

En condensant la métatoluidine avec la formaldéhyde, j'ai pu préparer sans difficulté le diamidodimétatolylméthane,

AzH^2 / CH^2 CH^3 / AzH^2 / CH^3

mais en oxydant ce dérivé avec la métatoluidine, il ne m'a pas été possible d'obtenir une rosaniline.

Par contre, le diamidodiphénylméthane, oxydé en présence de métatoluidine, m'a fourni sans difficulté une rosaniline.

De tout ce qui précède, il résulte que des rosanilines ayant un méthyle en ortho vis-à-vis du carbone fondamental, et par conséquent en méta vis-à-vis de l'amide, dans un des noyaux benzoliques, sont susceptibles d'exister, et que leurs nuances ne se distinguent même pas très considérablement de celles des dérivés dans lesquels le méthyle se trouve en méta.

Il m'a semblé intéressant d'examiner si ce fait se confirmerait dans le cas des rosanilines substituées.

Une réaction générale, découverte par M. A. Kern (1), m'a permis d'étudier cette question d'une manière très complète.

Ce chimiste a trouvé, il y a quelques années, que le tétraméthyldiamidobenzhydrol

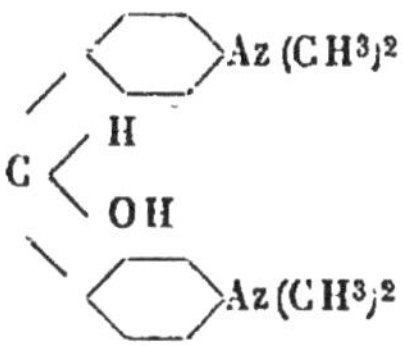

se condense avec les amines primaires, secondaires et tertiaires à l'état de leucobases qui, par oxydation, se transforment en matières colorantes du groupe de la rosaniline.

Toutes les amines étudiées par M. Kern étaient des dérivés de l'aniline, de l'orthotoluidine et de l'α-naphtylamine; dans aucune d'elles, des atomes d'hydrogène en para ou en méta n'étaient substitués.

MM. Kern et Caro (2) montrèrent peu après que, par condensation de la tétraméthyldiamidobenzophénone

$$CO\begin{cases} C^6H^4Az(CH^3)^2 \\ C^6H^4Az(CH^3)^2 \end{cases}$$

avec les amines tertiaires et certaines amines secon-

(1) Brevet allemand n° 27032 de la *Badische Anilin und Soda-Fabrik*. — Friedlænder, *Die Fortschritte der Theerfarbenfabrication*, t. 1er, p. 75.

(2) Brevet allemand n° 27789, *ibid.*, p. 80.

daires, en présence d'oxychlorure de phosphore, on pouvait obtenir directement les mêmes matières colorantes, qui se forment en oxydant les produits de condensation de l'hydrol avec les amines en question.

Les bases ayant la position para libre, et les positions méta substituées par des méthyles ou autrement, appartenant donc à la troisième catégorie de MM. Rosenstiehl et Gerber, n'ont pas été étudiées par MM. Kern et Caro.

Il résulte des faits que je viens d'exposer, que les positions méta peuvent être occupées par des groupes méthyle dans *l'un des trois noyaux benzoliques* du triamidotriphénylcarbinol, sans que le caractère colorant en soit affecté, ou même la nuance changée sensiblement.

Il était probable, *a priori*, que le tétraméthyldiamidobenzhydrol donnerait des leucobases colorables par condensation avec les amines non substituées en para et méthylées en méta, et que la tétraméthyldiamidobenzophénone fournirait avec les dérivés alcoylés tertiaires de ces bases, directement des matières colorantes, comme elle en donne avec la diméthylaniline.

L'expérience a pleinement confirmé ces prévisions.

Les sept amines de la troisième catégorie, énumérées précédemment, savoir : la métatoluidine, la paraxylidine, la v-orthoxylidine, la v-métaxylidine, les cumidines d'Edler et de Mayer, et la duridine cristallisée, donnent toutes, par condensation avec le tétraméthyldiamidobenzhydrol des leucobases. Ces bases fournissent, par oxydation avec le peroxyde de plomb ou le chloranile, des matières colorantes bleu-violettes ou bleues.

La condensation avec l'hydrol s'effectue avec les sept bases citées aussi facilement qu'avec l'aniline ; il suffit de chauffer des molécules égales des chlorhydrates des deux composants, en solution aqueuse concentrée, au bain-marie. Le rendement est excellent.

Les dérivés alcoylés secondaires et tertiaires des bases méta-méthylées se condensent aussi nettement que les amines primaires elles-mêmes; j'ai étudié sous ce rapport jusqu'à présent la monométhylmétatoluidine, la diméthyl et la diéthylmétatoluidine, la diméthyl et la diéthylparaxylidine et la diéthyl-v-orthoxylidine.

Les bases tertiaires, mentionnées en dernier lieu, se condensent aussi avec la tétraméthyldiamidobenzophénone, en présence d'oxychlorure de phosphore, en fournissant directement des matières colorantes bleu-violacées ou bleues.

En poursuivant mes expériences dans cette voie, j'arrivai à me demander si un tétraméthyldiamidodiphénylméthane, ayant un méthyle en ortho vis-à-vis du carbone fondamental, tel que

$$\underset{\substack{|\\H}}{C}\begin{cases} C^6H^5 \\ \langle\bigcirc\rangle Az(CH^3)^2 \\ \langle\bigcirc\rangle Az(CH^3)^2 \;\; (\text{avec } CH^3 \text{ en ortho}) \end{cases}$$

serait capable de fournir par oxydation un colorant analogue au vert malachite.

Un composé de cette constitution pouvait s'obtenir au moyen du diméthylamidobenzhydrol

$$C\begin{cases} C^6H^5 \\ H \\ OH \\ C^6H^4Az(CH^3)^2 \end{cases}$$

Toutefois ce corps n'étant pas très facilement accessible, j'ai préféré prendre comme point de départ son dérivé paranitré, qui, dans l'espèce, devait se comporter d'une manière tout à fait identique, et qu'on peut préparer aisément, d'après les indications de M. Albrecht (1).

Par condensation avec la diméthylmétatoluidine et la métatoluidine on obtient nettement

$C_6H_4 \cdot AzO^2$; $C - C_6H_4 \cdot Az(CH^3)^2$; H ; $C_6H_3(CH^3) \cdot Az(CH^3)^2$ et $C_6H_4 \cdot AzO^2$; $C - C_6H_4 \cdot Az(CH^3)^2$; H ; $C_6H_3(CH^3) \cdot AzH^2$

et ceux-ci, par oxydation, fournissent des colorants verts. Ici donc encore la présence d'un méthyle en ortho n'empêche pas la formation du colorant.

Des dérivés diamidés et triamidés du triphénylméthane, dans lesquels deux groupes méthyles se trouvent en ortho vis-à-vis du carbone fondamental, et, par conséquent, en méta vis-à-vis des groupes amides, ont été préparés au laboratoire de M. Otto Fischer par MM. Riedel (2) et Kock (3).

D'après ce qui avait été publié jusqu'à présent, le produit de condensation de la benzaldéhyde avec la diméthylmétatoluidine ne se laisserait oxyder, ni par le chloranile, ni par le peroxyde de plomb. Quant au produit de condensation de la paranitrobenzaldéhyde avec la diméthylmétatoluidine, il ne paraît pas avoir été soumis à l'action des agents d'oxydation.

Encouragé par les résultats ci-dessus, j'ai repris

(1) Albrecht, *D. chem. G.*, t. XXI, p. 3294.
(2) O. Fischer, *D. chem. G.*, t. XIII, p. 807.
(3) Kock, *D. chem. G.*, t. XX, p. 1562.

l'étude de cette réaction et j'ai trouvé que les leucobases en question se transforment, dans des conditions déterminées, facilement et nettement en matières colorantes. Il faut opérer, avec le chloranile en solution alcoolique concentrée, acidulée par l'acide acétique, et à chaud, avec le peroxyde de plomb en solution acétique à froid. Le chloranile en solution alcoolique diluée ou à froid n'oxyde pas (1).

Les bases essayées dans ce sens et les nuances obtenues par oxydation étaient les suivantes :

$$C\begin{cases}C^6H^5\\ \left(\bigcirc\begin{cases}Az(CH^3)^2\\ CH^3\end{cases}\right)^2\\ H\end{cases}\qquad \text{Vert.}$$

(1) M. Otto Fischer, auquel je communiquai ces résultats, m'informa qu'il avait répété, il y a longtemps déjà, les expériences sur la condensation de la benzaldéhyde avec la diméthylmétatoluidine, et qu'il avait trouvé également que le produit de condensation donnait par oxydation nettement et facilement un colorant vert. D'autres travaux l'avaient empêché jusqu'à présent de poursuivre plus à fond cette réaction, et de publier ses résultats. Les expériences de Kock montrent d'ailleurs qu'il ne saurait exister de différence fondamentale entre les dérivés du triphénylméthane deux fois substitués en méta et les autres, au point de vue de la transformation en matières colorantes. Kock a, en effet, obtenu le composé

$$HC\begin{cases}\bigcirc\text{—}AzH^2\\ \left(\bigcirc\begin{cases}AzH^2\\ OCH^3\end{cases}\right)^2\end{cases}$$

et a trouvé qu'il s'oxyde facilement en donnant un colorant violet bleu.

Je mentionnerai encore que j'ai obtenu par condensation du trichlorure de benzyle avec la diméthylmétatoluidine un colorant vert, aussi facilement qu'avec la diméthylaniline.

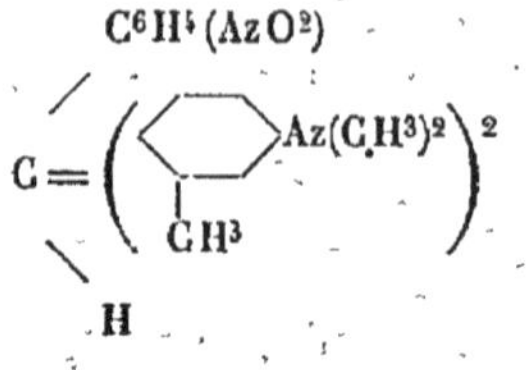

$C^6H^4(AzO^2)$ — $C=\left(C_6H_3(CH^3)Az(CH^3)^2\right)^2$ — H

AzO^2 en 2 vert très bleu
AzO^2 en 3 vert
AzO^2 en 4 vert.

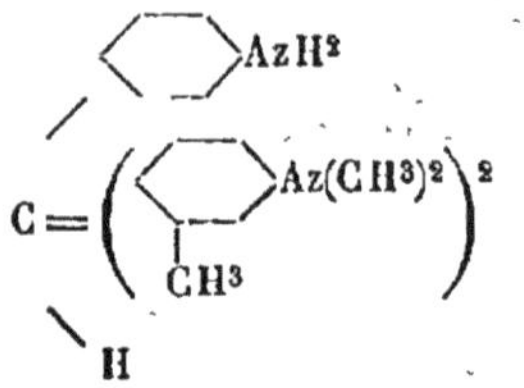

$C_6H_4AzH^2$ — $C=\left(C_6H_3(CH^3)Az(CH^3)^2\right)^2$ — H

Violet de la nuance du violet cristallisé.

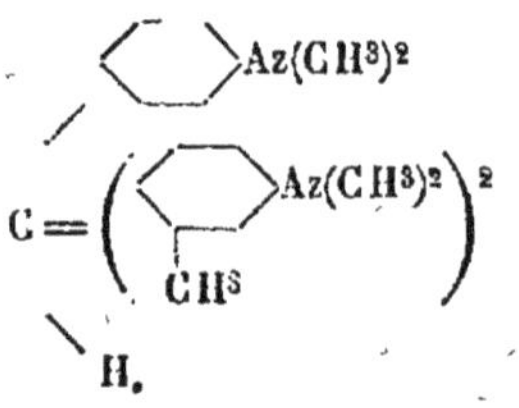

$C_6H_4Az(CH^3)^2$ — $C=\left(C_6H_3(CH^3)Az(CH^3)^2\right)^2$ — H.

Violet plus bleu que le violet cristallisé.

Les dérivés correspondants de la diéthylmétatoluidine se comportent d'une manière tout à fait analogue.

J'ai alors essayé aussi de condenser le diamidodimétatolylméthane,

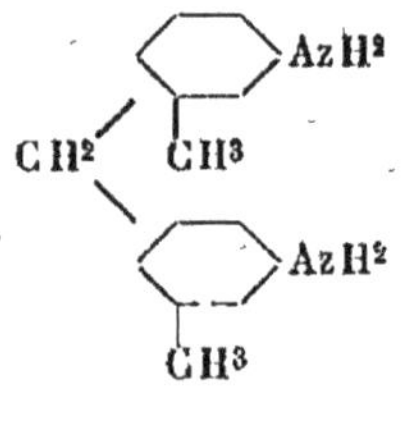

$$CH^2\begin{cases}C_6H_3(CH^3)AzH^2\\C_6H_3(CH^3)AzH^2\end{cases}$$

qui, avec la métatoluidine, n'avait pas fourni trace de fuchsine, avec l'aniline en présence d'un oxydant. En chauffant ces deux substances avec le bichlorure de mercure à 130°, j'ai obtenu, avec un rendement excellent, une fuchsine, dont la constitution est évidemment

$$HO-C\begin{cases} C_6H_3(CH^3)AzH^2 \\ C_6H_3(CH^3)AzH^2 \\ C_6H_4AzH^2 \end{cases}$$

et qui, par conséquent, contient deux groupes méthyle ou ortho vis-à-vis du carbone fondamental.

En présence de ces résultats il ne paraissait plus impossible d'obtenir aussi des dérivés du triphénylméthane, dans lesquels l'hydrogène serait substitué en ortho vis-à-vis du carbone fondamental dans tous les trois noyaux benzoliques.

Des corps de cette constitution ont, en effet, pu être obtenus en condensant l'éther orthoformique,

$$CH(OC^2H^5)^3$$

avec la métatoluidine et la s-métaxylidine diméthylées

$$C_6H_4(Az(CH^3)^2)(CH^3) \quad \text{et} \quad C_6H_3(Az(CH^3)^2)(CH^3)(CH^3)$$

Les produits de la réaction

$$HC\equiv\left(C_6H_3(CH^3)Az(CH^3)^2\right)^3 \quad \text{et} \quad HC\equiv\left(C_6H_2(CH^3)(CH^3)Az(CH^3)^2\right)^3$$

donnent par oxydation, le premier un *bleu*, le second

un bleu si verdâtre, qu'on doit plutôt le qualifier de *vert*.

Le premier de ces colorants s'obtient aussi très facilement en faisant réagir l'oxychlorure de carbone sur la diméthylmétatoluidine, en présence de chlorure d'aluminium.

Ainsi les dérivés méthylés des fuchsines

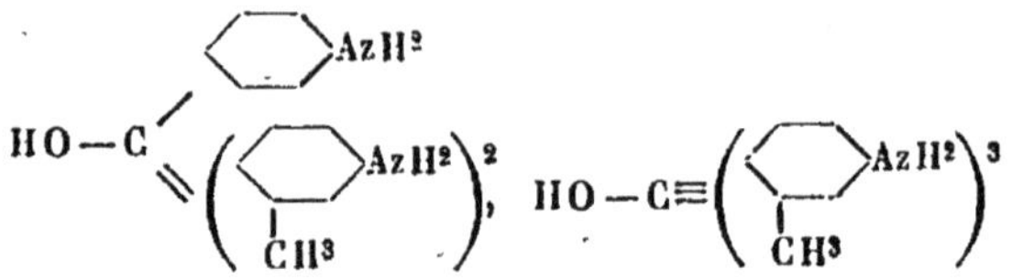

$$HO-C\begin{cases} C_6H_4\,AzH^2 \\ (C_6H_3(CH^3)AzH^2)^2 \end{cases},\quad HO-C\equiv(C_6H_3(CH^3)AzH^2)^3$$

et

$$HO-C\equiv(C_6H_2(CH^3)(CH^3)AzH^2)^3$$

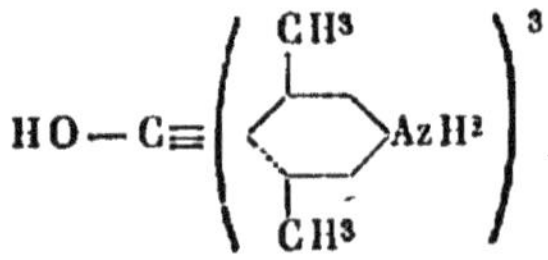

peuvent donc s'obtenir par des procédés détournés, bien qu'il soit impossible de préparer les substances-mères par oxydation de

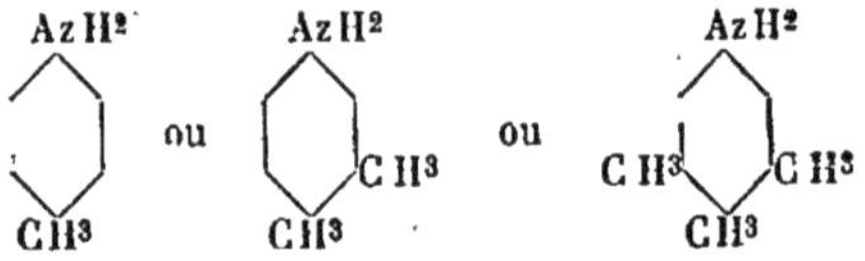

$$C_6H_4(AzH^2)(CH^3) \text{ ou } C_6H_3(AzH^2)(CH^3)(CH^3) \text{ ou } C_6H_2(AzH^2)(CH^3)(CH^3)(CH^3)$$

avec

$$C_6H_4(AzH^2)(CH^3) \text{ ou } C_6H_3(AzH^2)(CH^3)(CH^3)$$

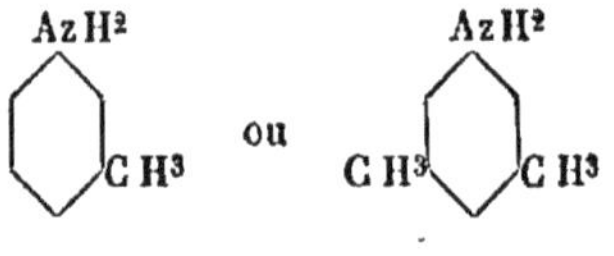

M. Grimaux (1), qui vient d'étudier récemment d'une manière parallèle les réactions des diméthylanisidines

(1) Grimaux, *Bull. Soc. Chim.*, [II], t. V, p. 646.

ortho et méta, a trouvé de son côté que la diméthylmétanisidine

$$
\text{Az(CH}^3)^2 - \bigcirc - \text{OCH}^3
$$

se condense aussi avec l'oxychlorure de carbone, en donnant un colorant bleu, le métatrioxyméthyltriamidotriphénylcarbinol

$$
\text{HO}-\text{C}\equiv\left[\bigcirc\!\!\!\underset{\text{OCH}^3}{|}\ \text{Az(CH}^3)^2\right]^3
$$

Je mentionnerai encore que lors de recherches entreprises en 1878 avec MM. Monnet et Reverdin (1), je n'ai pas réussi à obtenir un violet avec la diméthylmétatoluidine, en employant l'élégant procédé d'oxydation découvert par M. Lauth.

Ce procédé consiste, on le sait, à traiter la diméthylaniline pure, en présence de sel ou de sable, par le chlorure cuivrique. On obtient ainsi un mélange de dérivés méthylés de la pararosaniline

$$
\text{HO}-\text{C}\equiv\left(\bigcirc\text{AzH}^2\right)^3
$$

dans lequel l'hexaméthyl et la pentaméthylrosaniline se trouvent en quantité prédominante, et qui contient encore des dérivés moins méthylés, dont l'étude m'occupe en ce moment (2).

(1) Monnet, Reverdin et Nœlting, *Bull. Soc. Chim.*, t. XXXI, p. 116.

(2) J'ai déjà réussi à isoler une tétraméthylrosaniline de la formule

$$
\text{HO}-\text{C}\begin{cases}\text{C}^6\text{H}^4\text{Az(CH}^3)^2\\(\text{C}^6\text{H}^4\text{Az(CH}^3)\text{H})^2\end{cases}
$$

A en juger d'après la constitution des violets obtenus, on eût été en droit de supposer, que le rendement maximum s'obtiendrait avec un mélange d'une molécule de diméthylparatoluidine et de deux molécules d'aniline, et que la diméthylaniline pure serait incapable d'en fournir. Il n'en est rien en réalité. Ainsi que M. Lauth l'avait déjà trouvé dès le début, le meilleur rendement s'obtient avec la diméthylaniline pure. En commun avec MM. Monnet et Reverdin (1), j'ai étudié, il y a treize ans, l'action du chlorure de cuivre sur toutes les anilines et toluidines méthylées. Nous avons trouvé que la para et la métatoluidine mono et diméthylées ne fournissent pas de violet du tout, et, qu'avec les dérivés méthylés de l'orthotoluidine, les rendements sont insuffisants.

MM. Émile et Otto Fischer (2) expliquent ces faits par l'hypothèse suivante : lors de l'oxydation de la diméthylaniline par le chlorure cuivrique, un groupe méthyle de l'amide diméthylé est éliminé et oxydé à l'état d'aldéhyde ou d'acide formique, qui alors se condense avec le mélange de diméthyl et de monométhylaniline à l'état d'hexa ou de pentaméthyltriamidotriphénylcarbinol.

Cette hypothèse est très plausible. M. O. Fischer (3) a démontré en effet que la diméthylaniline donne avec l'éther diméthylique de la formaldéhyde, le méthylal, $CH^2(OCH^3)^2$, le tétraméthyldiamidodiphénylméthane,

$$CH^2 \begin{cases} C_6H_4 \, Az(CH^3)^2 \\ C_6H_4 \, Az(CH^3)^2 \end{cases}$$

(1) Monnet, Reverdin et Nœlting, *Bull. Soc. Chim.*, t. XXXI, p. 116.

(2) E. et O. Fischer, *D. chem. G.*, t. XVI, p. 2909.

(3) O. Fischer, *Ann. Chem.*, t. CCVI, p. 117.

et M. Zimmermann (1) a trouvé, il y a déjà une dizaine d'années, que cette condensation a lieu bien plus facilement encore avec la formaldéhyde libre. Le tétraméthyldiamidodiphénylméthane s'oxyde aisément à l'état de benzhydrol

$$C \begin{cases} C_6H_4 - Az(CH^3)^2 \\ H \\ OH \\ C_6H_4 - Az(CH^3)^2 \end{cases}$$

Je me suis convaincu que cette oxydation s'effectue très facilement sous l'influence du chlorure cuivrique.

D'après les expériences de M. Kern enfin, le benzhydrol se condense avec la mono et la diméthylaniline à l'état de penta et d'hexaméthylleucaniline, et ces derniers fournissent, par oxydation, les rosanilines correspondantes.

En tenant compte de tous ces faits, le mode de formation du violet de méthyle, par le procédé Lauth, s'explique aisément.

J'ai fait une série d'expériences dans le but de vérifier les hypothèses ci-dessus. Si elles étaient exactes, tous les dérivés de l'aniline, contenant dans l'amide un groupe méthyle, devaient fournir du violet, et ils devaient seuls être susceptibles de subir cette transformation. En effet, les dérivés contenant des groupes éthyle, propyle ou autres ne sont pas aptes à produire de la formaldéhyde, qui fournit le carbone fondamental. La pratique industrielle, d'ailleurs, avait déjà montré depuis longtemps que la diéthylaniline pure ne donne, par oxydation, pas trace de violet.

J'ai étendu mes essais à un grand nombre de bases,

(1) Zimmermann, Communication particulière.

les unes contenant le radical méthyle dans l'amide, les autres ne le contenant point.

Les bases de la première série étaient :

Mono-méthyl-aniline.	$C^6H^5Az\langle^{CH^3}_{H}$
Méthyl-éthyl-aniline.	$C^6H^5Az\langle^{CH^3}_{C^2H^5}$
Méthyl-n-propyl-aniline	$C^6H^5Az\langle^{CH^3}_{CH^2CH^2CH^3}$
Méthyl-i-propyl-aniline.	$C^6H^5Az\langle^{CH^3}_{CH\langle^{CH^3}_{CH^3}}$
Méthyl-isobutyl-aniline	$C^6H^5Az\langle^{CH^3}_{CH^2CH\langle^{CH^3}_{CH^3}}$
Méthyl-tertiaire-butyl-aniline. . . .	$C^6H^5Az\langle^{CH^3}_{C(CH^3)^3}$
Méthyl-amyl-aniline.	$C^6H^5Az\langle^{CH^3}_{CH^2CH^2CH\langle^{CH^3}_{CH^3}}$
Méthyl-benzyl-aniline	$C^6H^5Az\langle^{CH^3}_{CH^2.C^6H^5}$

Les bases ne contenant pas de radical méthyle étaient les suivantes :

Mono-éthyl-aniline	$C^6H^5Az\langle^{C^2H^5}_{H}$
Diéthyl-aniline.	$C^6H^5Az\,(C^2H^5)^2$
Mono-n-propyl-aniline.	$C^6H^5Az\langle^{CH^2CH^2CH^3}_{H}$
Di-n-propyl-aniline	$C^6H^5Az\,(CH^2CH^2CH^3)^2$

Mono-i-propyl-aniline . . . . $C^6H^5Az\left\langle\begin{matrix}CH\left\langle\begin{matrix}CH^3\\CH^3\end{matrix}\right.\\H\end{matrix}\right.$

Di-i-propyl-aniline. . . . . $C^6H^5Az\left(CH\left\langle\begin{matrix}CH^3\\CH^3\end{matrix}\right.\right)^2$

Éthyl-i-propyl-aniline. . . . . . . $C^6H^5Az\left\langle\begin{matrix}C^2H^5\\CH\left\langle\begin{matrix}CH^3\\CH^3\end{matrix}\right.\end{matrix}\right.$

Mono-i-butyl-aniline. . . . . $C^6H^5Az\left\langle\begin{matrix}CH^2CH\left\langle\begin{matrix}CH^3\\CH^3\end{matrix}\right.\\H\end{matrix}\right.$

Di-i-butyl-aniline. . . . . $C^6H^5Az\left(CH^2CH\left\langle\begin{matrix}CH^3\\CH^3\end{matrix}\right.\right)^2$

Éthyl-i-butyl-aniline. . . . . $C^6H^5Az\left\langle\begin{matrix}C^2H^5\\CH^2CH\left\langle\begin{matrix}CH^3\\CH^3\end{matrix}\right.\end{matrix}\right.$

Mono-tertiaire-butyl-aniline . . . . $C^6H^5Az\left\langle\begin{matrix}C\,(CH^3)^3\\H\end{matrix}\right.$

Éthyl-tertiaire-butyl-aniline. . . . $C^6H^5Az\left\langle\begin{matrix}C^2H^5\\C\,(CH^3)^3\end{matrix}\right.$

Éthyl-amyl-aniline . . . . $C^6H^5Az\left\langle\begin{matrix}C^2H^5\\CH^2CH^2CH\left\langle\begin{matrix}CH^3\\CH^3\end{matrix}\right.\end{matrix}\right.$

Mono-benzyl-aniline. . . . . $C^6H^5Az\left\langle\begin{matrix}CH^2C^6H^5\\H\end{matrix}\right.$

Di-benzyl-aniline. . . . . $C^6H^5Az\,(CH^2C^6H^5)^2$

Éthyl-benzyl-aniline. . . . . $C^6H^5Az\left\langle\begin{matrix}C^2H^5\\CH^2C^6H^5\end{matrix}\right.$

Toutes les bases de la première série fournirent du violet en quantité abondante. Toutefois, avec la monométhylaniline et la méthyl-benzylaniline, le rendement était plus faible. Lors de l'oxydation de cette dernière, on remarque une forte odeur de benzaldéhyde, et le violet obtenu semble être identique avec celui dérivé de la monométhylaniline.

Au contraire, aucune des bases de la seconde série, ne contenant pas de radical méthylique, ne fournit trace d'un colorant violet.

J'essayai alors si les bases en question ne donneraient pas de violet, par oxydation, en présence d'un corps susceptible de fournir le carbone fondamental, par exemple la formanilide, l'acide ou l'aldéhyde formique. Avec la formanilide et l'acide formique, les résultats furent négatifs, mais en ajoutant de la formaldéhyde au mélange de diéthylaniline, de chlorure cuivrique et de sel, j'obtins un rendement excellent en matière colorante violette. La di-isopropylaniline, l'éthylisopropylaniline et la dibenzylaniline se comportèrent d'une manière analogue, et il est évident que toutes les autres bases non méthylées auraient donné le même résultat.

Il me sembla enfin intéressant de poursuivre la réaction pas à pas dans ses diverses phases. Par condensation de la formaldéhyde avec la diéthylaniline je préparai le tétréthyldiamidodiphénylméthane

$$CH^2 \begin{cases} \langle \bigcirc \rangle Az(C^2H^5)^2 \\ \langle \bigcirc \rangle Az(C^2H^5)^2 \end{cases}$$

et je l'oxydai, dans les mêmes conditions que ci-dessus, avec la diéthylaniline. J'obtins ainsi un excellent rendement en colorant violet.

Ces expériences suffisent, à mon avis, pour rendre indiscutable la théorie de la formation du violet, énoncée précédemment.

Dans la première partie de cette conférence, il a été démontré que les amines, contenant le radical méthyle en méta ou en ortho vis-à-vis de l'amide, ne sont pas susceptibles de fournir par oxydation avec l'aniline des dérivés du triphénylméthane, tels que

$$HO-C \begin{cases} C^6H^4 AzH^2 \\ [C^6H^4 AzH^2]^2 \end{cases} \quad \text{ou} \quad HO-C \begin{cases} C^6H^4 AzH^2 \\ (C^6H^4 AzH^2)^2 \end{cases}$$

Des corps de cette constitution, et aussi des dérivés diamidés du triphénylméthane, tels que

$$HO - C \begin{cases} C^6H^5 \\ [C^6H^4 Az H^2]^2 \end{cases}$$

et ses dérivés méthylés, peuvent toutefois se préparer d'une autre manière, d'après M. Otto Fischer (1).

En effet, en condensant la benzaldéhyde avec l'aniline ou la diméthylaniline on obtient aisément les leucobases

$$H-C \begin{cases} C^6H^5 \\ [C^6H^4 Az H^2]^2 \end{cases} \quad \text{et} \quad H-C \begin{cases} C^6H^5 \\ [C^6H^4 Az (CH^3)^2]^2 \end{cases}$$

et, par oxydation de celles-ci, les carbinols correspondants. Le premier est un violet rouge, le second un beau vert, connu dans le commerce sous le nom de vert malachite.

Ces mêmes colorants peuvent aussi s'obtenir, d'après M. Doebner, par l'action du trichlorure de benzyle sur

(1) Otto Fischer, *D. Chem. G.*, t. X, p. 625; t. XI, p. 951, 2095; t. XII, p. 797. — *Ann. Chem.*, t. CCVI, p. 122.

l'aniline (1), la nitrobenzine et le fer ou sur la diméthylaniline (2), en présence de chlorure de zinc.

En remplaçant la benzaldéhyde par ses dérivés mononitrés ortho et méta, et réduisant les produits de condensation, M. Fischer (3) obtint les leucanilines

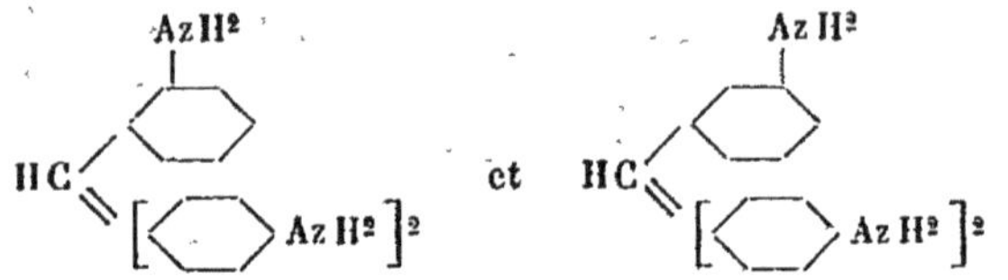

AzH^2 — HC — $[\ \ AzH^2]^2$ et AzH^2 — HC — $[\ \ AzH^2]^2$

Par oxydation, la seconde donna un violet; le carbinol correspondant à la première n'est pas encore connu, car sous l'influence des oxydants, il se transforme immédiatement en diamidophénylacridine ou phosphine

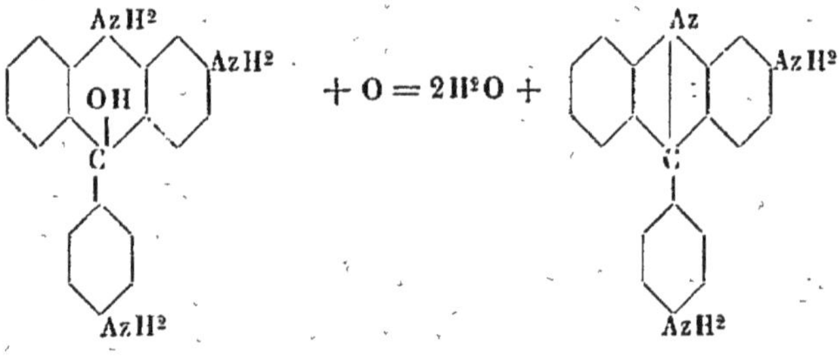

AzH^2, AzH^2, OH, C, AzH^2 $+ O = 2H^2O +$ Az, AzH^2, C, AzH^2

Avec la paranitrobenzaldéhyde, M. Fischer obtint, on le sait, dans des conditions identiques, la paraleucaniline et la pararosaniline.

On arriverait probablement aussi à isoler le carbinol de l'ortho-série, en protégeant le groupe AzH^2 par acé-

(1) Dœbner, *D. chem. G.*, t. XV, p. 236.

(2) Dœbner, *D. chem. G.*, t. II, p. 1236, 2274; t. XII, p. 1010; t. XIII, p. 2222. — *Ann. Chem.*, t. CCXVII, p. 223.

(3) Fischer et Ziegler, *D. chem. G.*, t. XIII, p. 671. — Renouf, *D. chem. G.*, t. XVI, p. 1304.

tylisation, effectuant l'oxydation et désacétylant ensuite.

En opérant d'une manière analogue avec la diméthylaniline, M. Fischer obtint les dérivés tétraméthylés

$$H-C\begin{cases} \bigcirc - AzO^2 \\ (\bigcirc Az(CH^3)^2)^2, \end{cases} \qquad HC\begin{cases} \bigcirc - AzO^2 \\ [\bigcirc Az(CH^3)^2]^2, \end{cases}$$

$$H-C\begin{cases} \bigcirc AzO^2 \\ [\bigcirc Az(CH^3)^2]^2 \end{cases}$$

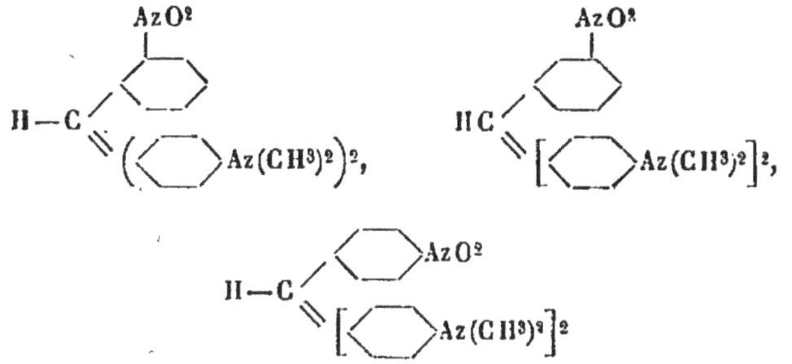

Le second et le troisième donnent par oxydation des verts, le premier un vert très bleuâtre. Par réduction, on obtient les dérivés amidés correspondants ; le dérivé para, oxydé, fournit un violet, le méta un vert, l'ortho ne se laisse oxyder que très peu nettement. Si l'on y acétyle le groupe amide, et qu'on oxyde ensuite, on obtient aisément un vert, le sel du carbinol acétylé

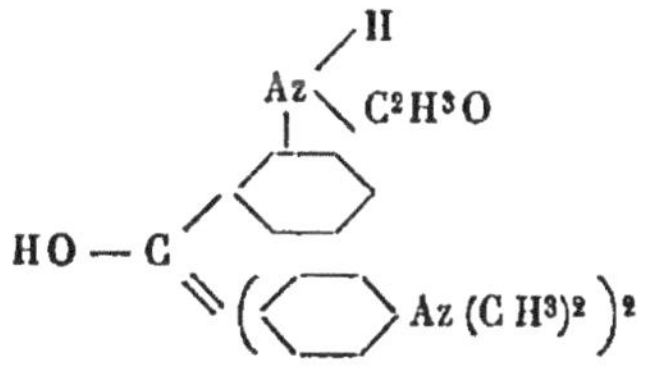

$$HO-C\begin{cases} \bigcirc - Az\begin{cases} H \\ C^2H^3O \end{cases} \\ (\bigcirc Az(CH^3)^2)^2 \end{cases}$$

qui, désacétylé, donne un vert extrêmement bleu.

J'ai réalisé de mon côté une nouvelle synthèse de dérivés tétraméthylés du triamidodiphényltolylméthane et de ses homologues, en condensant le tétraméthyldiamidobenzhydrol avec la paratoluidine et ses homologues. En opérant en présence d'acide chlorhydrique, la condensation n'a lieu qu'en ortho, au sein d'un excès d'acide sulfurique concentré, la condensation s'effectue au contraire uniquement dans la position méta vis-à-vis de l'amide.

Les deux équations suivantes rendent compte de ce mode de formation :

[1] $$H-C\begin{matrix} \diagup OH \\ \diagdown (C_6H_4 \, Az(CH^3)^2)^2 \end{matrix} + C_6H_3 \begin{matrix} AzH^2 \\ CH^3 \end{matrix}$$

$$= H^2O + H-C\begin{matrix} \diagup C_6H_3(AzH^2)(CH^3) \\ \diagdown (C_6H_4 \, Az(CH^3)^2)^2 \end{matrix}$$

[2] $$H-C\begin{matrix} \diagup OH \\ \diagdown (C_6H_4 \, Az(CH^3)^2)^2 \end{matrix} + C_6H_3 \begin{matrix} AzH^2 \\ CH^3 \end{matrix}$$

$$= H^2O + H-C\begin{matrix} \diagup C_6H_3(AzH^2)(CH^3) \\ \diagdown (C_6H_4 \, Az(CH^3)^2)^2 \end{matrix}$$

Toutes les anilines parasubstituées, à l'exception de la pentaméthylaniline, $C^6(CH^3)^5AzH^2$, qui n'a plus d'hydrogène benzolique remplaçable, se laissent condenser d'une manière analogue avec le benzhydrol, en donnant des leucobases, qui, par oxydation, peuvent se transformer dans les colorants correspondants.

Ici encore les dérivés, contenant le groupe AzH^2 en

méta vis-à-vis du carbone fondamental, s'oxydent sans difficulté à l'état de colorants vert-bleu, tandis que ceux qui sont substitués en ortho doivent être acétylés préalablement.

Les carbinols amido-acétylés sont des *verts*, les dérivés désacétylés des *bleus* plus ou moins verdâtres.

Il résulte, comme nous venons de le voir, des expériences de M. O. Fischer, que le tétraméthyldiamidotriphénylméthane :

$$HC \begin{cases} \text{⬡} \\ \left(\text{⬡}\ Az(CH^3)^2\right)^2 \end{cases}$$

donne par oxydation un *vert*, tandis que les dérivés amidés en para fournissent des violets. L'introduction d'un ou de deux groupes méthyles dans l'amide fait virer la nuance au bleu. Ainsi :

$$H-C \begin{cases} \text{⬡}\ AzH^2 \\ \left(\text{⬡}\ Az(CH^3)^2\right)^2, \end{cases} \qquad H-C \begin{cases} \text{⬡}\ Az(CH^3)H \\ \left(\text{⬡}\ Az(CH^3)^2\right)^2, \end{cases}$$

$$H-C \begin{cases} \text{⬡}\ Az(CH^3)^2 \\ \left(\text{⬡}\ Az(CH^3)^2\right)^2 \end{cases}$$

donnent par oxydation des colorants de plus en plus bleuâtres.

Si la basicité d'un des trois groupes amides est détruite, soit par acétylisation, soit par transformation en ammonium, le colorant, au lieu d'être violet, redevient vert, tout comme si le noyau benzolique, dans lequel se trouve cet amide, n'était pas substitué du tout.

Ainsi les sels des trois carbinols suivants sont des verts :

$$HO-C \begin{cases} C^6H^4\,Az(C^2H^3O)H \\ \left(C^6H^4\,Az(CH^3)^2\right)^2, \end{cases} \qquad HO-C \begin{cases} C^6H^4\,Az \begin{cases} CH^3 \\ C^2H^3O \end{cases} \\ \left(C^6H^4\,Az(CH^3)^2\right)^2 \end{cases}$$

et

$$HO-C \begin{cases} C^6H^4\,Az(CH^3)^3Cl \\ \left(C^6H^4\,Az(CH^3)^2\right)^2 \end{cases}$$

Il était à prévoir que l'introduction du groupe AzO dans la pentaméthylleucaniline et ses congénères aurait un effet analogue à l'acétylisation.

Les dérivés nitrosés

$$H-C \begin{cases} C^6H^4\,Az \begin{cases} CH^3 \\ AzO \end{cases} \\ \left(C^6H^4\,Az(CH^3)^2\right)^2 \end{cases}$$

et

$$H-C \begin{cases} C^6H^4\,Az \begin{cases} C^2H^5 \\ AzO \end{cases} \\ \left(C^6H^4\,Az(CH^3)^2\right)^2 \end{cases}$$

se préparent très facilement par l'action du nitrite de soude sur une solution acide des bases. Par oxydation ils m'ont fourni des colorants *verts*, comme les dérivés acétyliques.

Il m'a semblé ensuite intéressant d'examiner l'influence qu'aurait sur la nuance du tétraméthyltriamidotriphénylcarbinol :

$$HO-C \begin{cases} C^6H^4-AzH^2 \\ (C^6H^4Az(CH^3)^2)^2 \end{cases}$$

la transformation du groupe amide en groupe quinoléique. Dans ce cas, la basicité ne serait pas détruite, elle serait plutôt augmentée.

Le tétraméthyldiamidodiphénylquinylméthane a pu être obtenu aisément, en soumettant le tétraméthyltriamidotriphénylméthane à la réaction de M. Skraup. Sa constitution est :

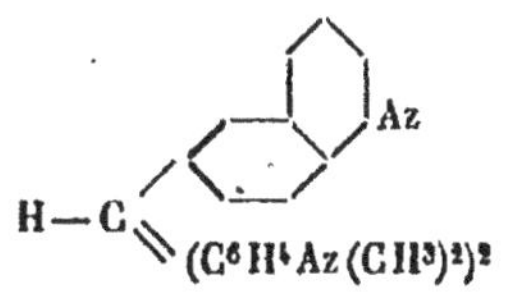

Az

$H-C$

$(C^6H^4Az(CH^3)^2)^2$

Par oxydation il fournit facilement un colorant *vert*.

Quelques autres bases amidées, étudiées à ce point de vue, ont donné des résultats analogues.

Le petit tableau suivant résume les résultats obtenus par oxydation de la base primitive et de la base quinolisée :

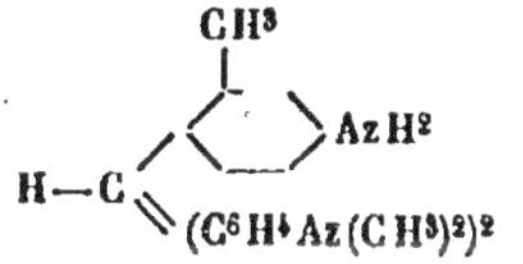

CH^3

AzH^2

$H-C$

$(C^6H^4Az(CH^3)^2)^2$ Violet bleu

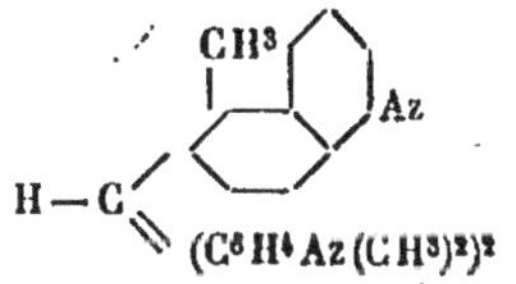

CH^3

Az

$H-C$

$(C^6H^4Az(CH^3)^2)^2$ Vert.

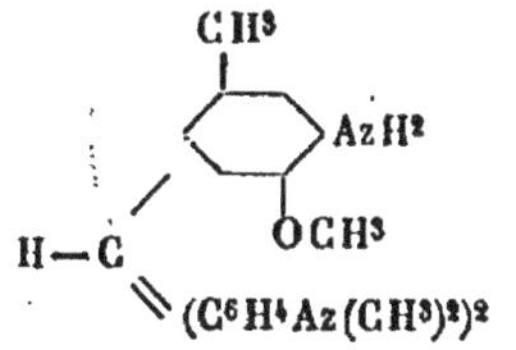

CH^3

AzH^2

OCH^3

$H-C$

$(C^6H^4Az(CH^3)^2)^2$ Bleu

CH3
Az
H—C
OCH3
(C6H4Az(CH3)2)2

Vert.

Az H2
H—C
(C6H4Az(CH3)2)2

Bleu.

Az
H—C
(C6H4Az(CH3)2)2

Vert.

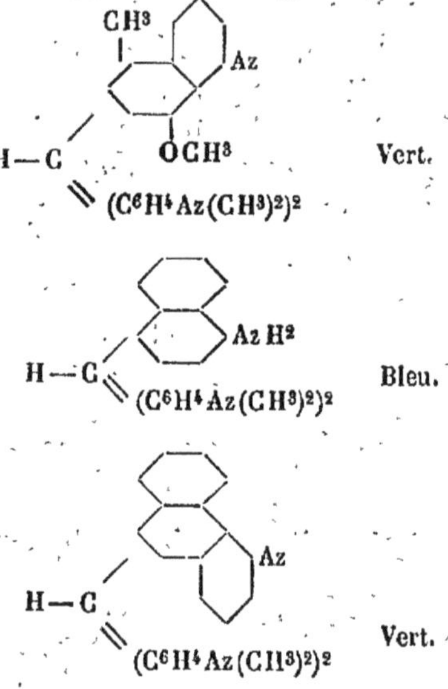

Le groupe pyridique introduit dans le tétraméthyldiamidotriphénylméthane n'en altère donc en aucune manière le caractère colorable

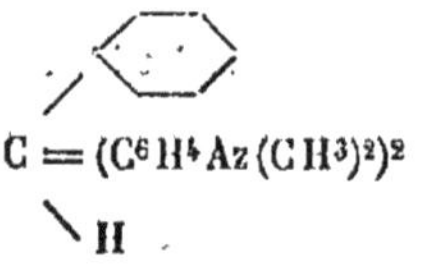

C = (C6H4Az(CH3)2)2
H

et

Az
C = (C6H4Az(CH3)2)2
H

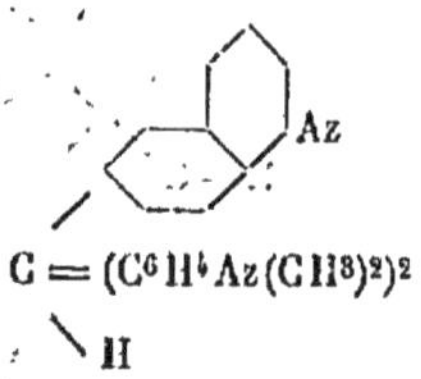

donnant par oxydation des colorants de nuance identique.

Puisqu'il en est ainsi, le triquinylméthane

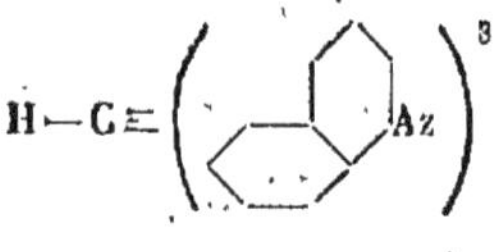

H—C≡
Az
3

devait être l'analogue complet du triphénylméthane, et

le carbinol correspondant devait être incolore comme le triphénylcarbinol.

Ici encore l'expérience a confirmé mes prévisions.

MM. von Miller et Plœschl (1) qui ont étudié les dérivés quinaldylméthaniques, en même temps que j'étais occupé des recherches ci-dessus, sont arrivés à des résultats en concordance complète avec les miens.

Le tétraméthyldiamidodiphénylquinaldylméthane

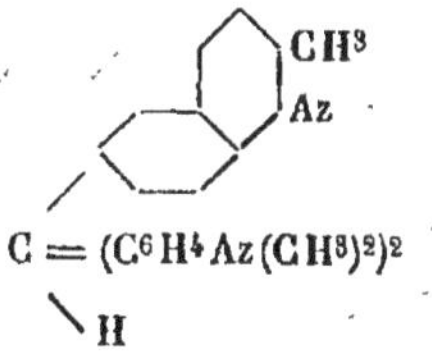

CH³
Az
$C = (C^6H^4Az(CH^3)^2)^2$
H

donne par oxydation un colorant vert, tandis que le triquinaldylméthane

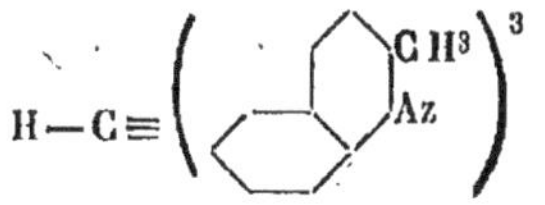

H—C≡(CH³ Az)³

se transforme en un carbinol incolore.

Il ressort des travaux de MM. von Miller et Dœbner (2), et surtout des recherches très étendues de M. Bamberger (3), que les dérivés tétrahydroquinoléiques et quinaldiques

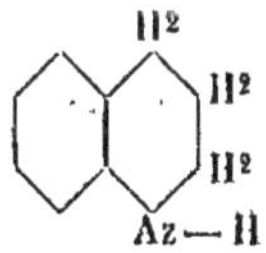

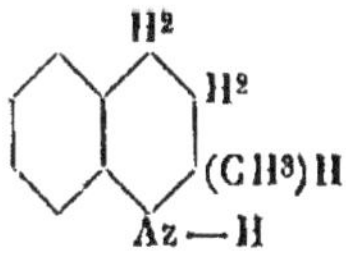

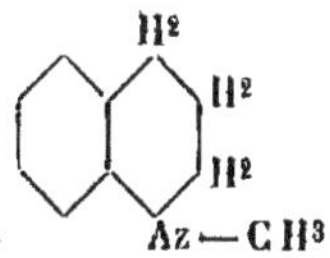

H² H² H² Az—H   H² H² (CH³)H Az—H   H² H² H² Az—CH³

(1) Von Miller et Plœschl, *D. chem. G.*, t. XXIV, p. 1700, 1715.
(2) Von Miller et Dœbner, *D. chem. G.*, t. XVI, p. 2468.
(3) Bamberger, *Ann. Chem.*, t. CCLVII, p. 1.

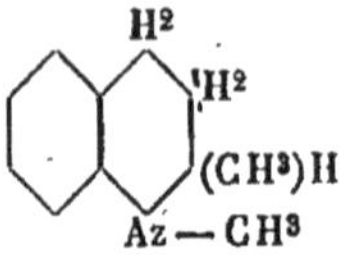

H^2 H^2 $(CH^3)H$ Az — CH^3

se comportent, à tous les points de vue, comme des anilines substituées, telles que :

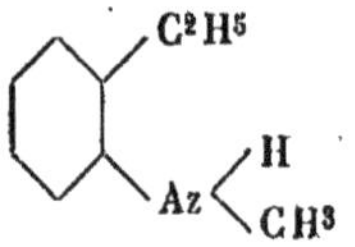

C^2H^5 Az$<^{H}_{CH^3}$ et C^2H^5 Az$<^{CH^3}_{CH^3}$

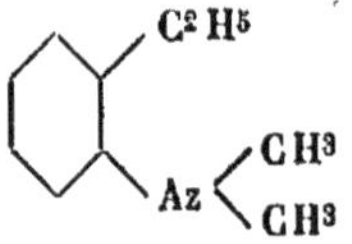

D'après cela il était à supposer que les produits de réduction des dérivés quinylméthaniques décrits ci-dessus :

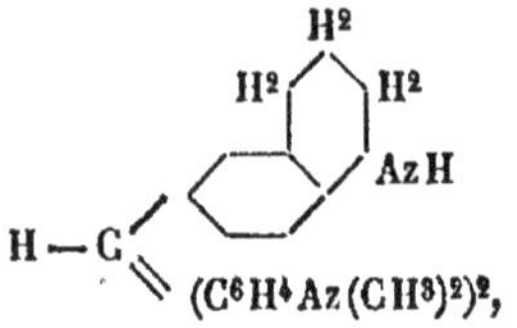

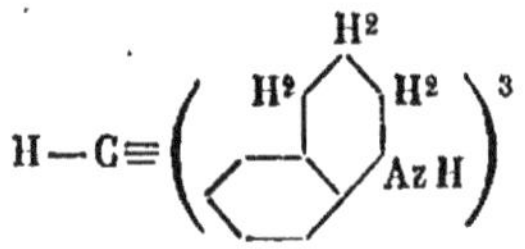

$H—C \overset{\diagup}{\diagdown} (C^6H^4Az(CH^3)^2)^2$, ($H^2$ H^2 H^2 AzH) et $H—C\equiv(H^2\ H^2\ H^2\ AzH)^3$

et autres, donneraient par oxydation des colorants violet-bleu ou bleus.

Ici encore, l'hypothèse fut pleinement confirmée par le résultat de l'expérience.

MM. von Miller et Plœschl ont fait des observations identiques sur les produits de réduction de leurs dérivés quinaldylméthaniques.

Ainsi que nous venons de le voir, les dérivés paratriamidés du triphénylcarbinol sont des rouges, des violets ou des bleus

$C\equiv(C^6H^4AzH^2)^3$ \ OH est rouge

$$C \equiv C^6H^4Az(CH^3)^2)^3 \backslash OH$$ est violet

$$C \equiv (C^6H^4Az(C^6H^5)H)^3 \backslash OH$$ est bleu

les dérivés para-diamidés sont des violets ou des verts, par exemple :

$$C \begin{cases} C^6H^5 \\ = (C^6H^4AzH^2)^2 \\ OH \end{cases}$$ est violet

$$C \begin{cases} C^6H^5 \\ = (C^6H^4Az(CH^3)^2)^2 \\ OH \end{cases}$$ est vert

$$C \begin{cases} C^6H^5 \\ = (C^6H^4Az(C^6H^5)H)^2 \\ OH \end{cases}$$ est vert.

Il était naturellement très important d'examiner quelles seraient les nuances des sels du monamidotriphénylcarbinol

$$C \begin{cases} = (C^6H^5)^2 \\ - C_6H_4 - AzH^2 \\ OH \end{cases}$$

et de ses dérivés méthyliques.

Pendant que j'étais occupé à préparer ces matières, a paru un travail de MM. von Bæyer et Lœhr (1) traitant du même sujet.

(1) Von Bæyer et Lœhr, *D. chem. G.*, t. XXIII, p. 1621.

Ces savants ont trouvé, que les sels du monamidotriphénylcarbinol sont *rouges*, mais qu'ils ne montrent aucune affinité pour la laine et la soie.

J'ai pu confirmer ces résultats, mais j'ai observé que les sels en question se fixent sur le coton mordancé en tanin avec une nuance rouge-orange; ils ont toutefois un pouvoir tinctorial très faible.

Le diméthylmonamidotriphénylcarbinol

$$\begin{array}{l} \quad (C^6H^5)^2 \\ \;/\!/ \\ C - \langle C^6H^4 \rangle Az(CH^3)^2 \\ \;\backslash \\ \quad OH \end{array}$$

de M. Otto Fischer (1) donne également par oxydation un colorant rouge-orangé, teignant le coton préparé en tanin, mais non la laine et la soie.

Les sels des monamidotriphénylcarbinols sont donc des rouge-orange, ayant des propriétés tinctoriales peu prononcées; ce sont des *chromogènes*, plutôt que des *colorants*. L'introduction d'un ou de deux groupes amides, substitué ou non, dans les autres noyaux benzoliques, les transforme en colorants intenses, si ces groupes occupent la position para vis-à-vis du carbone fondamental.

Je fus évidemment amené à me demander quelle serait l'influence de ces groupes s'ils se trouvaient en méta ou en ortho.

Les expériences suivantes répondent à cette question.

Par condensation du paranitrodiméthylamidobenz-

(1) O. Fischer, *Ann. Chem.*, t. CCVI, p. 113, 155; t. CCXLI, p. 362; *D. chem. G.*, t. XXIV, p. 727.

hydrol avec la paratoluidine en présence d'acide sulfurique, on obtient

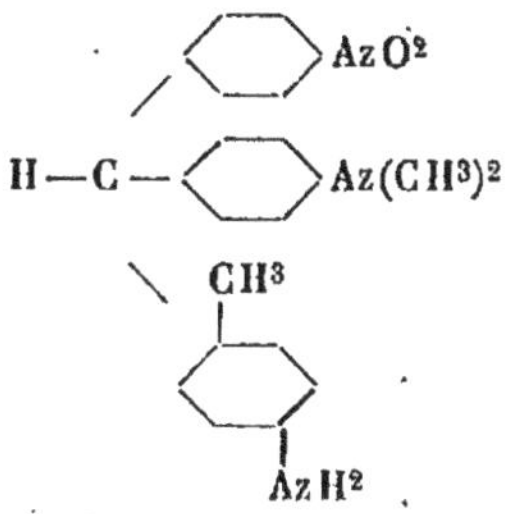

AzO^2

$H - C -$ $Az(CH^3)^2$

CH^3

AzH^2

Celui-ci fut transformé en dérivé acétylique, oxydé et désacétylé ensuite. Le carbinol ainsi obtenu teint le coton mordancé au tanin en rouge-orange. L'introduction d'un groupe amide en méta, dans le diméthylamidotriphénylcarbinol, n'a donc pas d'influence marquée sur la nuance du colorant; elle en augmente toutefois l'intensité.

J'ai eu enfin entre les mains un certain nombre de dérivés du diméthylmonamidotriphénylméthane, contenant dans un ou dans les deux autres noyaux benzoliques, des groupes amides acétylés. Tous ces corps fournissent des colorants rouges faibles, ne se fixant que sur coton mordancé au tanin, mais non sur laine et sur soie.

Voici les formules des dérivés en question, et la nuance du colorant obtenu par oxydation.

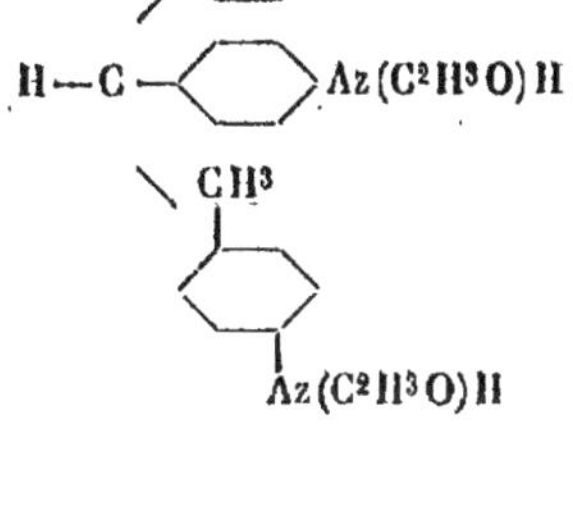

$Az(CH^3)^2$

$H - C -$ $Az(C^2H^3O)H$ Rouge.

CH^3

$Az(C^2H^3O)H$

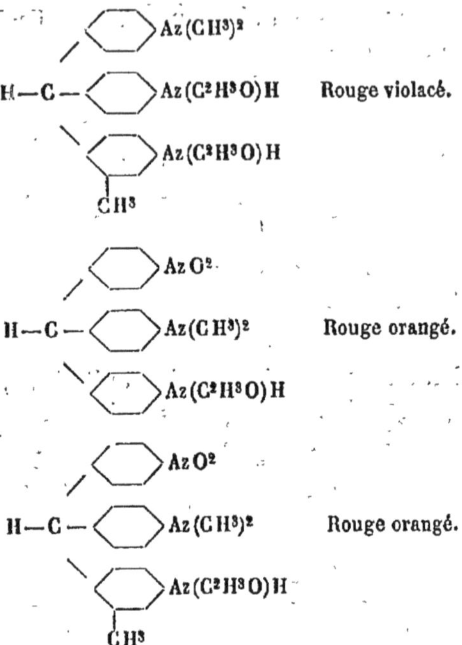

Par désacétylation, le premier, le troisième et le quatrième donnent des *verts*, le deuxième un *violet-rougeâtre*.

Le métamidotriphénylcarbinol

HO—C $(C^6H^5)^2$ — C^6H^4 — AzH^2

a été préparé par M. Tschacher (1). Ses sels, d'après l'auteur, sont incolores.

L'orthoamidotriphénylcarbinol

(1) Tschacher, *D. chem. G.*, t. XXI, p. 190.

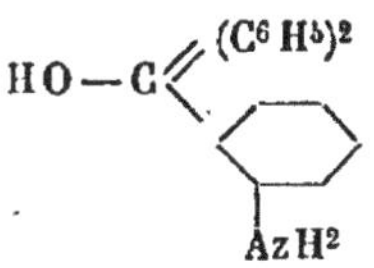

$$HO-C \begin{cases} (C^6H^5)^2 \\ C^6H^4\text{—}AzH^2 \end{cases}$$

n'est pas encore connu. Il est plus que probable que ces sels ne seraient pas colorés. En effet, les dérivés du phénylditolylméthane deux fois substitués en ortho et en méta

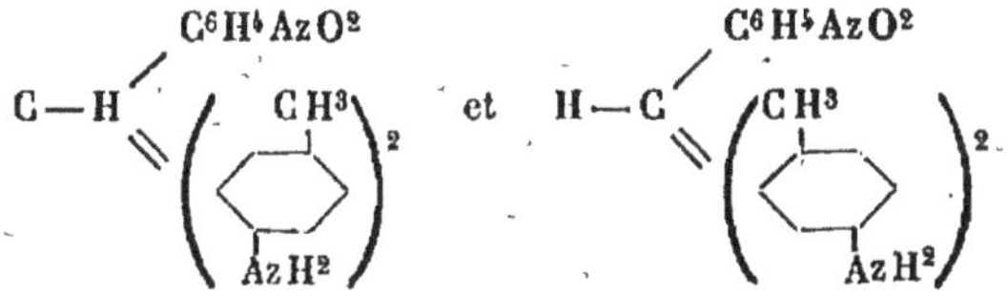

$$C-H \begin{cases} C^6H^4AzO^2 \\ \left(C^6H^3 \begin{matrix} CH^3 \\ AzH^2 \end{matrix}\right)^2 \end{cases} \quad \text{et} \quad H-C \begin{cases} C^6H^4AzO^2 \\ \left(C^6H^3 \begin{matrix} CH^3 \\ AzH^2 \end{matrix}\right)^2 \end{cases}$$

ont été préparés par M. Bischler (1). Ni l'un ni l'autre ne sont susceptibles, d'après mes essais, de fournir par oxydation des dérivés colorants ou colorés.

De tout ce que nous venons de passer en revue relativement aux dérivés du triphénylméthane, nous pouvons tirer les conclusions suivantes :

Les matières colorantes triphénylméthaniques sont des dérivés du paramonamidotriphénylcarbinol, et de ses produits de substitution alcoylés et phénylés.

Les sels des monamidotriphénylcarbinols sont colorés en rouge-orange ; ils n'ont aucune affinité pour les fibres animales, mais ils teignent le coton mordancé au tanin. Ce sont plutôt des *chromogènes* que de véritables *colorants*.

L'introduction de groupes amides, substitués ou non, dans un ou dans les deux autres noyaux phényliques des amidotriphénylcarbinols, transforme ceux-ci en colorants intenses, si cette substitution a lieu au moins une fois en para vis-à-vis du carbone fondamental. La

(1) Bischler, *D. chem. G.*, t. XX, p. 3302, et t. XXI, p. 3207.

nuance des colorants obtenus dépend du nombre des groupes amides et de leur degré de substitution.

Lors de la formation de sels au moyen des amidotriphénylcarbinols, il y a élimination d'une molécule d'eau. Ainsi la rosaniline est

$$H-O-C\equiv\left(\langle\;\rangle AzH^2\right)^3$$

et son chlorhydrate

$$\left(H-O-C\equiv\left(\langle\;\rangle AzH^2\right)^3+HCl\right)-H^2O.$$

Il n'y a d'exception que pour le chlorhydrate de monamidotriphénylcarbinol que MM. von Baeyer et Loehr n'ont pas pu obtenir anhydre.

Le mécanisme de l'élimination de cette molécule d'eau a été fréquemment discuté, et trois hypothèses principales dues à MM. E. et O. Fischer (1), Rosenstiehl (2) (reprise et appuyée par M. V. von Richter) (3) et Nietzki (4) se trouvent en présence.

Elles sont représentées par les trois formules suivantes du chlorhydrate de rosaniline.

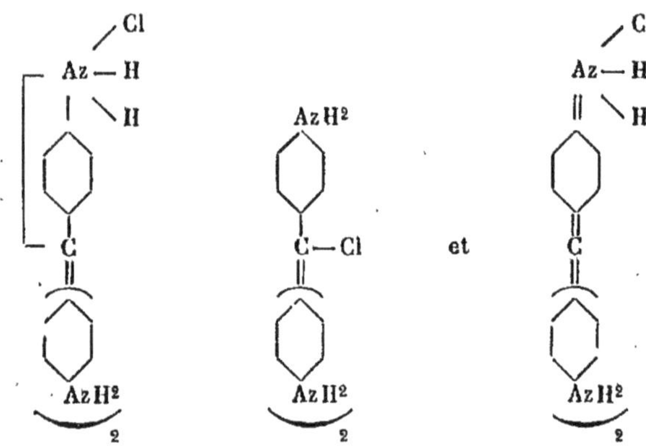

(1) E. et O. Fischer, *D. chem. G.*, t. XII, p. 2348.
(2) Rosenstiehl, *Bull. Soc. Chim.*, t. XXXIII, p. 342.
(3) V. von Richter, *D. chem. G.*, t. XXI, p. 2475.
(4) Nietzki, *Organische Farbstoffe*, 2e édit., p. 87.

On peut apporter des arguments en faveur de ces trois manières de voir. J'ai longtemps été partisan de celle de M. Rosenstiehl, toutefois il est incontestable que celle de M. Nietzki est également très plausible. Elle diffère d'ailleurs de celle de MM. Fischer seulement de la même manière que la nouvelle formule de l'indamine de M. Nietzki.

Cl
Az — H
H
Az
AzH^2

de l'ancienne du même savant

Cl
Az — H
H
Az
AzH^2

ou la nouvelle formule de la quinone

de celle adoptée autrefois :

Il serait possible peut-être de décider, expérimentalement laquelle des deux formules correspond à la réalité.

D'après la théorie de M. Rosenstiehl, il ne pourrait exister qu'une seule modification de la rosaniline diméthylée, du diméthyldiamidotriphénylcarbinol, etc.,

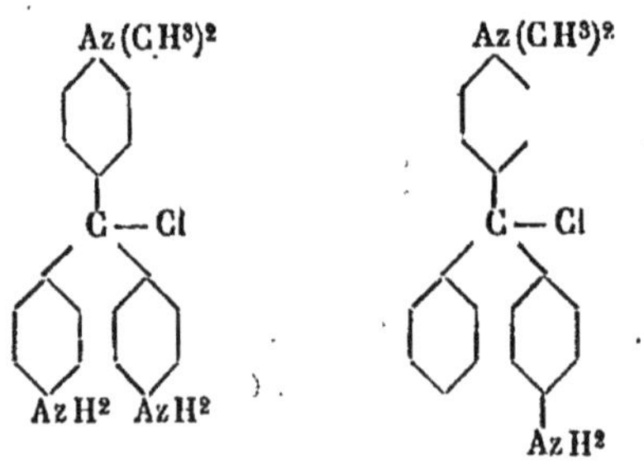

tandis que d'après la théorie de M. Nietzki, ces dérivés *pourraient* exister sous deux modifications isomériques :

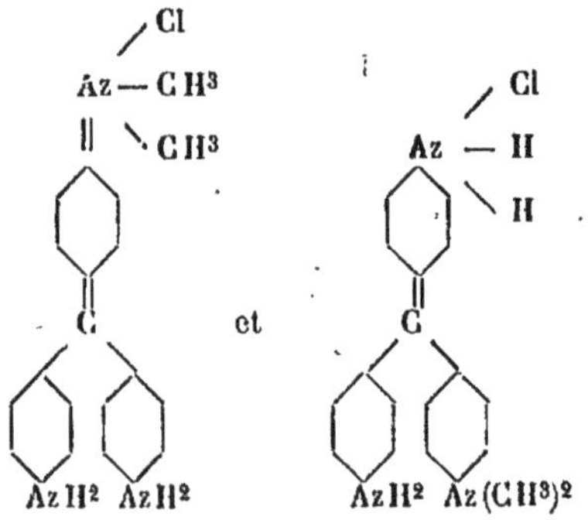

ou encore

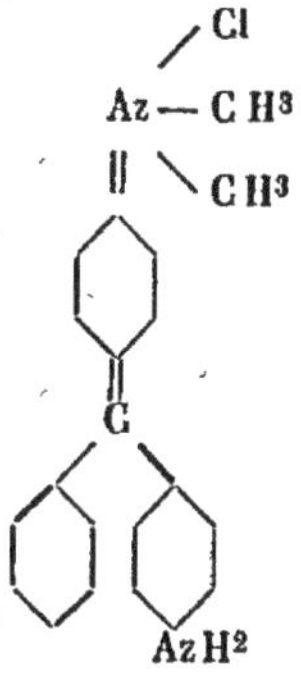

Cl
Az — CH^3
CH^3
C
AzH^2

et

Cl
Az — H
H
C
$Az(CH^3)^2$

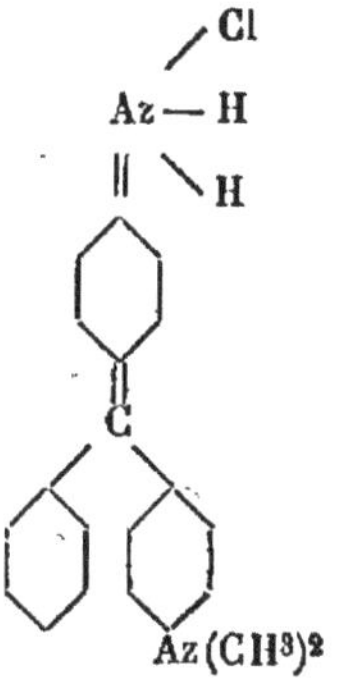

Jusqu'à présent, nous ne possédons aucune donnée expérimentale sur cette question, mais j'espère avoir dans l'avenir l'occasion de la comprendre dans mes études.

Les leucobases obtenues par réduction de ces isomères hypothétiques seraient, dans tous les cas, identiques entre elles, et il devrait en être de même des carbinols libres, non anhydrisés.

Donnons enfin, pour terminer, la nuance des dérivés les plus importants du triphénylcarbinol.

I. — *Dérivés monamidés :*

1° $C \equiv (C^6H^5)^2$, — C^6H^4 — AzH^2, — OH

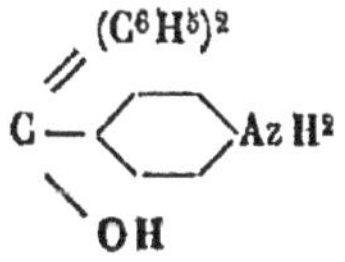

Rouge orange.

2° $C \equiv (C^6H^5)^2$, — C^6H^4 — $Az(CH^3)^2$, — OH

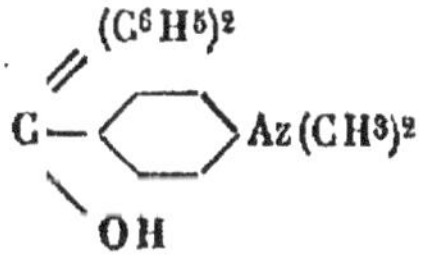

Rouge orange.

Si, dans les noyaux phényliques, l'hydrogène est substitué par un groupe amide, non en para vis-à-vis du carbone fondamental, la nuance ne change pas sensiblement.

II. — *Dérivés diamidés :*

3° $C(C^6H^5)(C^6H^4AzH^2)(C^6H^4AzH^2)(OH)$

Violet rougeâtre.

4° $C(C^6H^5)(C^6H^4AzH^2)(C^6H^4Az(CH^3)^2)(OH)$

Vert.

5° $C(C^6H^5)(C^6H^4Az(CH^3)^2)(C^6H^4Az(CH^3)^2)(OH)$

Vert.

6° $C(C^6H^5)(C^6H^4Az(C^6H^5)H)(C^6H^4Az(C^6H^5)H)(OH)$

Vert.

L'introduction d'un groupe amide en méta ou en ortho dans le noyau phénylique non substitué n'influe pas d'une manière très sensible sur la nuance; elle la modifie sans en changer le caractère général. Si, dans le n° 4, le groupe amide est acétylé, le colorant, au lieu d'être vert, est rouge, comme ceux du premier groupe.

III. — *Dérivés triamidés :*

7° $C(C^6H^4AzH^2)(C^6H^4AzH^2)(C^6H^4AzH^2)(OH)$

Rouge.

8° $C(C^6H^4Az(CH^3)^2)(C^6H^4AzH(CH^3))(C^6H^4AzH^2)(OH)$

Violet rouge.

9° $C \begin{cases} C_6H_4 — Az \begin{cases} CH^3 \\ H \end{cases} \\ C_6H_4 — Az \begin{cases} CH^3 \\ H \end{cases} \\ C_6H_4 — Az(CH^3)^2 \\ OH \end{cases}$

Violet moyen.

10° $C \begin{cases} C_6H_4 — AzH^2 \\ C_6H_4 — Az(CH^3)^2 \\ C_6H_4 — Az(CH^3)^2 \\ OH \end{cases}$

Violet moyen.

11° $C \begin{cases} C_6H_4 — Az(CH^3)H \\ C_6H_4 — Az(CH^3)^2 \\ C_6H_4 — Az(CH^3)^2 \\ OH \end{cases}$

Violet bleu.

12° $C \begin{cases} C_6H_4 — Az(CH^3)^2 \\ C_6H_4 — Az(CH^3)^2 \\ C_6H_4 — Az(CH^3)^2 \\ OH \end{cases}$

Violet très bleu.

13° $C \begin{cases} C_6H_4 — Az(CH^3)^3Cl \\ C_6H_4 — Az(CH^3)^2 \\ C_6H_4 — Az(CH^3)^2 \\ OH \end{cases}$

Vert.

Les dérivés mono-di et triphénylique de la rosaniline sont un violet, un violet bleu et un bleu.

Si dans le n° 8 AzH^2 et $Az(CH^3)H$ sont acétylés, le colorant est rouge; il en est de même pour les groupes $Az(CH^3)H$ du n° 9. Les n°s 10 et 11 acétylés sont des verts; 11 nitrosé, et 10 quinolisé ou quinaldisé également.

Nous devrions enfin examiner encore l'influence que l'introduction des groupes non salifiables, tels que halogène, méthyle, méthoxyle, nitro, etc., exerce sur la nuance des colorants triphénylméthaniques. Cette influence, dans certains cas, peut être considérable, ainsi la rosaniline hexaméthoxylée est un bleu; le violet cristallisé (n° 12) six fois orthométhylé est un vert, et ainsi de suite. Nous possédons passablement d'observations à ce sujet, j'en ai moi-même un assez grand nombre d'inédites, mais la question n'a pas encore été étudiée d'une manière suffisamment complète, et surtout suffisamment systématique, pour que je croie utile de la développer devant vous.

J'ai d'ailleurs, messieurs, abusé déjà plus que de raison de votre patience, et il ne me reste qu'à vous remercier de la bienveillante attention que vous avez daigné me prêter.

Paris. — Lib.-Imp. réunies, 7, r. Saint-Benoît

www.ingramcontent.com/pod-product-compliance
Ingram Content Group UK Ltd.
Pitfield, Milton Keynes, MK11 3LW, UK
UKHW012300240726
13966UKWH00004B/1529

9 782011 943682